上海市工程建设规范

湿垃圾厌氧消化处理工程技术标准

Engineering technical standard for anaerobic digestion treatment of wet waste

DG/TJ 08—2423—2023
J 17038—2023

主编单位：上海市政工程设计研究总院(集团)有限公司
批准部门：上海市住房和城乡建设管理委员会
施行日期：2023 年 12 月 1 日

同济大学出版社

2023　上海

图书在版编目(CIP)数据

湿垃圾厌氧消化处理工程技术标准/上海市政工程设计研究总院(集团)有限公司主编.—上海:同济大学出版社,2023.9
ISBN 978-7-5765-0049-3

Ⅰ.①湿… Ⅱ.①上… Ⅲ.①有机垃圾－厌氧消化－厌氧处理－技术标准 Ⅳ.①X705-65

中国国家版本馆 CIP 数据核字(2023)第 169355 号

湿垃圾厌氧消化处理工程技术标准
上海市政工程设计研究总院(集团)有限公司 主编

责任编辑	朱 勇	
责任校对	徐春莲	
封面设计	陈益平	
出版发行	同济大学出版社 www.tongjipress.com.cn	
	(地址:上海市四平路1239号 邮编:200092 电话:021-65985622)	
经 销	全国各地新华书店	
印 刷	浦江求真印务有限公司	
开 本	889mm×1194mm 1/32	
印 张	2.375	
字 数	64 000	
版 次	2023年9月第1版	
印 次	2023年9月第1次印刷	
书 号	ISBN 978-7-5765-0049-3	
定 价	30.00元	

本书若有印装质量问题,请向本社发行部调换　　版权所有　侵权必究

前 言

根据上海市住房和城乡建设管理委员会《关于印发〈2021年上海市工程建设规范、建筑标准设计编制计划〉的通知》（沪建标定〔2020〕771号）要求，本标准编制组在充分总结以往经验，结合新的发展形势和要求，参考有关国家、行业及本市相关标准规范和文献资料，并在广泛征求意见的基础上，编制了本标准。本标准由上海市绿化和市容管理局提出并组织实施。

本标准的主要内容有：总则；术语；厂址选择；总体设计；主体工艺；辅助工程；环境保护；职业卫生与劳动安全；工程施工与验收；工程调试及运行。

各单位及相关人员在执行本标准过程中，如有意见和建议，请反馈至上海市绿化和市容管理局（地址：上海市胶州路768号；邮编：200040；E-mail：kjxxc@lhsr.sh.gov.cn），上海市政工程设计研究总院（集团）有限公司（地址：上海市中山北二路901号；邮编：200092；E-mail：zoujinlin@smedi.com），上海市建筑建材业市场管理总站（地址：上海市小木桥路683号；邮编：200032；E-mail：shgcbz@163.com），以便修订时参考。

主 编 单 位：上海市政工程设计研究总院（集团）有限公司
参 编 单 位：同济大学
上海城投环境（集团）有限公司
上海城投老港基地管理有限公司
上海老港固废综合开发有限公司
上海老港废弃物处置有限公司
上海浦东环保发展有限公司
杭州能源环境工程有限公司

　　　　　　　　上海野马环保设备工程有限公司
主要起草人：王艳明　邹锦林　何品晶　徐　哲　陈跃卫
　　　　　　　王世豪　吴曰峰　张　健　聂剑文　谢　奎
　　　　　　　陈振东　孟伟忠　俞士洵　杨政勃　费　青
　　　　　　　吕　凡　杨姝君　侯军锁　张盛汉　孔祥冰
　　　　　　　张存伟　黄安寿　张昊昊　张倚马　宋　波
　　　　　　　詹偶如　华银锋　史林华　彭　伟　陈卫华
主要审查人：赵由才　谢　冰　黄仁华　史东晓　王志国
　　　　　　　姚　远　王　宇

　　　　　　　　上海市建筑建材业市场管理总站

上海市住房和城乡建设管理委员会文件

沪建标定〔2023〕264号

上海市住房和城乡建设管理委员会关于批准《湿垃圾厌氧消化处理工程技术标准》为上海市工程建设规范的通知

各有关单位：

由上海市政工程设计研究总院（集团）有限公司主编的《湿垃圾厌氧消化处理工程技术标准》，经我委审核，现批准为上海市工程建设规范，统一编号为 DG/TJ 08—2423—2023，自 2023 年 12 月 1 日起实施。

本标准由上海市住房和城乡建设管理委员会负责管理，上海市政工程设计研究总院（集团）有限公司负责解释。

上海市住房和城乡建设管理委员会
2023 年 5 月 30 日

目 次

1 总 则 ·· 1
2 术 语 ·· 2
3 厂址选择 ·· 3
4 总体设计 ·· 4
   4.1 规模与分类 ·· 4
   4.2 总图设计 ·· 5
5 主体工艺 ·· 6
   5.1 一般规定 ·· 6
   5.2 计量与接收 ·· 6
   5.3 预处理系统 ·· 7
   5.4 厌氧消化及脱水系统 ···································· 8
   5.5 沼气存储、净化及利用系统 ······························ 9
   5.6 沼液与沼渣处理系统 ··································· 12
   5.7 臭气收集与净化 ······································· 13
6 辅助工程 ··· 16
   6.1 热 动 ·· 16
   6.2 电气系统 ··· 16
   6.3 发电并网系统 ··· 18
   6.4 仪控系统 ··· 19
   6.5 数字化平台 ··· 21
   6.6 给排水 ··· 21
   6.7 消 防 ·· 22
   6.8 供暖与通风 ··· 23
   6.9 防腐涂装 ··· 23

7 环境保护	24
8 职业卫生与劳动安全	25
9 工程施工与验收	26
9.1 基本规定	26
9.2 施工与验收标准	26
10 工程调试及运行	28
10.1 工程调试	28
10.2 运行及管理	29
本标准用词说明	32
引用标准名录	33
条文说明	37

Contents

1 General provisions ·· 1
2 Terms ··· 2
3 Selection of plant site ··· 3
4 General design ··· 4
   4.1 Scale and classification ······································· 4
   4.2 General layout ·· 5
5 Principle processes ·· 6
   5.1 General requirements ··· 6
   5.2 Measurement and acceptance ································ 6
   5.3 Pretreatment system ··· 7
   5.4 Anaerobic digestion and dehydration system ············ 8
   5.5 Biogas storage, purification and utilization system ··· 9
   5.6 Biogas slurry and biogas residue treatment system ·· 12
   5.7 Odor collection and purification ···························· 13
6 Auxiliary works ·· 16
   6.1 Thermal engineering ··· 16
   6.2 Electrical system ·· 16
   6.3 Power grid system ·· 18
   6.4 Instrument control system ···································· 19
   6.5 Digital platform ·· 21
   6.6 Water supply and drainage ··································· 21
   6.7 Fire protection ··· 22

	6.8	Heating and ventilation	23
	6.9	Anti-corrosion coating	23
7		Environmental protection	24
8		Occupational safety and health	25
9		Construction and acceptance	26
	9.1	General requirements	26
	9.2	Construction and acceptance standards	26
10		Commissioning and operation	28
	10.1	Commissioning	28
	10.2	Operation and management	29

Explanation of wording in this standard 32
List of quoted standards 33
Explanation of provisions 37

1 总　则

1.0.1 为规范和指导上海市湿垃圾厌氧消化处理工程的建设，做到技术先进、安全适用、节约资源、经济合理，制定本标准。

1.0.2 本标准适用于上海市新建、改建、扩建以湿垃圾厌氧消化为主体工艺的工程设计、施工、验收和运行管理。

1.0.3 湿垃圾厌氧消化处理工程的设计、施工和验收除应遵守本标准的规定外，尚应符合国家、行业和本市现行有关标准的规定。

2 术 语

2.0.1 湿垃圾 wet waste

湿垃圾按照源头分为餐厨垃圾和厨余垃圾。其中,餐厨垃圾来自餐馆、饭店、单位食堂等,厨余垃圾来自家庭、农贸市场等。

2.0.2 含固率 total solids（TS）

物料中含有的干物质的重量比率。

2.0.3 湿式厌氧消化 wet anaerobic digestion

罐内含固率在10%以下,对进料重质及轻飘杂质去除率要求较高的厌氧消化工艺。

2.0.4 干式厌氧消化 dry anaerobic digestion

罐内含固率在15%以上,对进料重质及轻飘杂质去除率要求较低的厌氧消化工艺。

2.0.5 半干式厌氧消化 semi-dry anaerobic digestion

罐内含固率在10%~15%,对进料重质或轻飘杂质去除率要求相对较高的厌氧消化工艺。

2.0.6 沼液 biogas slurry

沼液是厌氧消化液经脱水后剩余的液相物质。

2.0.7 沼渣 biogas residue

沼渣是厌氧消化液经脱水后剩余的固相物质。

2.0.8 沼渣干化 drying of biogas residue

利用外部热源对沼渣进行直接或间接加热,降低沼渣含水率的过程。

3 厂址选择

3.0.1 湿垃圾厌氧消化处理厂的选址应符合上海市城市总体规划、区域环境规划、城市环境卫生专业规划及相关规划的要求。

3.0.2 厂址选择应综合考虑湿垃圾厌氧消化处理厂的服务区域、垃圾收集运输能力、运输距离、预留发展等因素。

3.0.3 湿垃圾厌氧消化处理设施宜与其他固体废物处理设施或污水处理设施同址规划、建设和验收。

3.0.4 厂址选择应符合下列条件：

    1 工程地质与水文地质条件应满足处理设施建设和运行的要求。

    2 应有良好的交通、电力、给水和排水条件。

    3 应避开环境敏感区、洪泛区、重点文物保护区等。

4 总体设计

4.1 规模与分类

4.1.1 湿垃圾处理工程规模应根据服务区域湿垃圾产生量和收集量现状及预测结果确定。

4.1.2 湿垃圾产生量应根据实际统计数据确定,可分别按人均日产生量按照公式(4.1.2)进行测算:

$$M_c = R(m_1 k_1 + m_2 k_2) \qquad (4.1.2)$$

式中:M_c——某区湿垃圾日产生量(kg/d);

R——项目规划服务年限内常住人口;

m_1——人均餐厨垃圾产生量基数[kg/(人·d)],宜取该区前一年人均日餐厨垃圾收运量;

m_2——人均厨余垃圾产生量基数[kg/(人·d)],宜取该区前一年人均日厨余垃圾收运量;

k_1——餐厨垃圾产量波动系数,宜取前一年餐厨垃圾最高月收运量/平均月收运量;

k_2——厨余垃圾产量波动系数,宜取前一年厨余垃圾最高月收运量/平均月收运量。

4.1.3 湿垃圾处理生产线的数量及规模应根据所选工艺特点、设备成熟度,经技术经济比较后确定。

4.1.4 湿垃圾厌氧消化处理厂宜按下列规定分类:

  1 Ⅰ类湿垃圾厌氧消化处理厂:全厂总处理能力500 t/d以上(含500 t/d)。

  2 Ⅱ类湿垃圾厌氧消化处理厂:全厂总处理能力介于

100 t/d~500 t/d(含 100 t/d)。

3 Ⅲ类湿垃圾厌氧消化处理厂：全厂总处理能力 100 t/d 以下。

4.2 总图设计

4.2.1 湿垃圾厌氧消化处理厂各项用地指标应符合土地、规划等行政主管部门的要求，其中Ⅰ类湿垃圾处理厂宜预留沼渣、沼液资源化用地。

4.2.2 总图布置应满足湿垃圾处理工艺流程的要求，各工序衔接应顺畅，平面和竖向布置合理，建构筑物间距应符合安全要求。

4.2.3 湿垃圾厌氧消化处理厂应分别设置人流和物流出入口，两出入口不得相互影响，且应做到进出车辆畅通。

4.2.4 厂区道路的设置，应满足交通运输和消防的需求，并应与厂区竖向设计、绿化及管线敷设相协调。

4.2.5 厌氧消化反应器、沼气柜、火炬、毛油暂存罐及油脂深加工系统等主要设施防火间距应符合现行国家标准《建筑设计防火规范》GB 50016 和《大中型沼气工程技术规范》GB/T 51063 的有关规定。室外沼气预处理装置、提纯装置、室外发电机等装置间防火间距可按照现行国家标准《石油化工企业设计防火规范》GB 50160 中设备平面布置防火间距要求执行。

4.2.6 总图布置应考虑重点臭气产生区域(包括物流出入口、卸料车间)对厂界大气环境的影响，并应结合区域主导风向，合理布局厂区除臭排气筒。

5 主体工艺

5.1 一般规定

5.1.1 主体工艺应根据湿垃圾成分,合理选取工艺路线,工艺流程应简洁、高效、环保。

5.1.2 餐厨垃圾应设置提油工序,厨余垃圾应根据原料含油率及后端厌氧油脂消化能力,合理设置提油工序。

5.1.3 湿垃圾固相输送宜采用无轴螺旋输送机;固液混合物的同步输送宜采用斗式提升机;经过除砂处理后的湿垃圾浆液宜采用螺杆泵、渣浆泵或气力输送等高含固输送设备。输送系统应全程密封,具有防硬物卡死的功能、自清洗功能以及滤液导排水措施,防止污水外溢。

5.1.4 厌氧消化反应器的选择应结合物料含水率、杂质含量、碳氮比等理化特性,并经过技术经济比选后确定。

5.1.5 沼液沼渣的后处理技术的选择,应遵守国家有关法律、法规及政策规定,并符合项目规划的要求。

5.1.6 浆液管道、沼液管道、毛油管道等主要工艺管道宜明管敷设。

5.2 计量与接收

5.2.1 湿垃圾厌氧消化处理厂应设置计量设施,计量设施应具有称重、记录、打印与数据处理、传输功能。Ⅱ类及以上湿垃圾厌氧消化处理厂宜单独设置进、出称重计量设施。

5.2.2 湿垃圾卸料间应封闭,垃圾车卸料间尺寸应满足最大湿垃圾运输车辆的卸料作业要求。

5.2.3 湿垃圾处理厂卸料口设置数量应根据总处理规模和高峰时段卸料车流量确定，Ⅱ类及以上湿垃圾处理厂卸料口分别不宜少于2个。

5.2.4 餐厨垃圾接料装置宜采用不锈钢卸料斗，容积应满足高峰期的卸料需求；厨余垃圾接料装置宜采用不锈钢料斗或混凝土料坑，料斗或料坑容积应满足高峰期的卸料需求。

5.2.5 湿垃圾卸料间应设置地面、料斗、卸料车辆的冲洗设施。

5.3 预处理系统

5.3.1 湿垃圾预处理设施应具有耐腐蚀、耐磨损、耐冲击负荷等性能，提油加热工序的缓存及处理设施还应具有耐高温性能，与物料接触部位均应采用不锈钢或其他耐腐蚀材质。

5.3.2 湿式厌氧预处理后的浆液中有机质含量不宜小于80%；半干式或干式厌氧预处理后的湿垃圾中有机质含量不宜小于75%。

5.3.3 湿垃圾的破碎或制浆应符合下列规定：

  1 湿垃圾破碎或制浆工艺应根据湿垃圾输送工艺和后续厌氧处理工艺的要求确定，物料的含水率与后续厌氧工艺相适应。

  2 湿式厌氧预处理应采取制浆工艺，物料破碎后的粒径宜小于8 mm；半干式预处理后物料粒径宜小于20 mm；干式厌氧预处理后物料粒径宜小于60 mm。

  3 破碎或制浆设备应具有防卡堵功能，设备选型及设备布置应便于清堵和维护。

5.3.4 湿式厌氧预处理应设置除砂工序，2 mm以上沙砾去除率应大于98%。

5.3.5 湿垃圾提油工艺应符合下列规定：

  1 提油后的液相浆料含油率不宜超过6 000 mg/L。

2 分离出的油相含水率宜结合后端处理或用户需求，通常不宜超过 3%，且应对分离出的油脂进行妥善处理和利用。

5.4 厌氧消化及脱水系统

5.4.1 厌氧消化宜结合项目工艺控制和能量平衡，合理选取中温或高温厌氧，避免能源浪费；中温厌氧消化温度宜为 40℃±2℃，高温厌氧消化温度宜为 55℃±2℃。

5.4.2 均质罐和沼液罐停留时间宜取 2 d。

5.4.3 湿式厌氧消化反应器内含固率宜小于 10%，半干式厌氧消化反应器内含固率宜为 10%～15%，干式厌氧消化反应器内含固率宜为 15%～20%。

5.4.4 湿式厌氧消化反应器内有机负荷宜在 2 kgVS/(m^3·d)～3 kgVS/(m^3·d)，半干式厌氧消化反应器内有机负荷宜在 3 kgVS/(m^3·d)～4 kgVS/(m^3·d)，干式厌氧消化反应器内有机负荷宜在 4 kgVS/(m^3·d)～6 kgVS/(m^3·d)。

5.4.5 厌氧消化反应器的设计应符合下列规定：

1 厌氧消化反应器应有良好的抗震、防渗、防腐、保温、密闭性和安全性，并应具有耐老化、抗强风雪及地震等恶劣天气和自然灾害的性能；其结构应有利于物料的进出，减少短流和滞流死角产生，并应具有良好的均匀搅拌功能，防止沉砂和浮渣在反应器中沉积而引起局部酸化。

2 厌氧消化反应器进料方式可采用连续进料或批次进料方式，根据小时进料量确定进料系统参数、加热系统功率以及出料系统参数等。

3 厌氧消化反应器应设置正负压保护装置和压力显示、报警装置。

4 对溢流出料的湿式厌氧消化反应器，溢流器与大气联通的开口位置应远离人员的巡检操作区域，防止意外伤害事故。

5 厌氧消化反应器的其他设计规定应符合现行国家标准《大中型沼气工程技术规范》GB/T 51063 的有关规定。

5.4.6 厌氧消化反应器应设置加热保温装置。总需热量应考虑冬季低温的影响，并可按下式计算：

$$Q = Q_1 + Q_2 + Q_3 + Q_4 \qquad (5.4.6)$$

式中：Q——总需热量（kJ/h）；

　　　Q_1——加热料液到设计温度需要的热量（kJ/h）；

　　　Q_2——保持消化器发酵温度需要的热量（kJ/h）；

　　　Q_3——管道散热量（kJ/h）；

　　　Q_4——沼气及饱和水蒸气带走的热量（kJ/h）。

　　换热装置的总换热面积应根据热平衡计算，并应留有10%～20%的余量。

5.4.7 湿式厌氧消化后的沼液脱水宜采用离心脱水，半干式和干式厌氧消化后的沼液脱水宜采用多级组合脱水工艺，挤压脱水沼渣含水率不宜高于60%，离心脱水后沼渣含水率不宜高于80%。

5.5 沼气存储、净化及利用系统

5.5.1 沼气存储宜采用低压气柜，气柜的型式宜结合厂址地貌及气象条件合理选型。气柜的储气容积宜结合厂区产气、用气平衡计算确定，气柜工艺设计执行现行国家标准《大中型沼气工程技术规范》GB/T 51063 的有关规定。

5.5.2 膜式气柜的支撑风机应采用防爆电机、变频控制，支撑风机应一用一备。气柜支撑风机应设置独立的备用电源，在厂区断电情况下能保证连续供电。气柜进风口、排风口设计应防止气流短路，排风口废气应经除臭后排放。

5.5.3 厌氧消化产生的沼气应经过脱硫、脱水、增压、除尘净化处理，净化工艺的选择应根据沼气用途、用气设备要求、烟气排放标准来确定。

5.5.4 沼气脱硫宜采用生物脱硫、湿法脱硫或干法脱硫。当一级脱硫后的沼气指标不能满足要求时,应采用两级脱硫,第二级宜采用干法脱硫。

5.5.5 脱硫工艺的设计应符合下列规定:

1 湿法脱硫宜采用氧化再生法,以减少废水排放量,并应采用硫容量大、副反应小、再生性能好、无毒的脱硫液。

2 生物脱硫所需的营养液应满足脱硫菌群生存的要求。

3 生物脱硫后沼气管路应设置氧含量在线检测仪,控制曝气量,沼气中余氧含量应控制在1%~2%。

4 干法脱硫塔应分组布置,并有备用。

5 干法脱硫的脱硫剂宜采用颗粒氧化铁,脱硫剂装填高度以1 m~1.4 m为宜;当床层高度过高时,应分层填装,每层脱硫剂厚度以1 m为宜。

6 干法脱硫前端应设置脱水装置。

7 湿法脱硫、生物脱硫宜采用气-液逆流式接触,干法脱硫的进出气管宜采用下进上出。

8 脱硫塔应易于清理、维护、检修并应设观察口及检修人孔。

9 脱硫塔进、出口应设阀门及检修旁通。

10 生物脱硫宜有外排水pH中和装置。

11 脱硫区域各设备冷凝水排放应铺设密闭管路,与设备的接口处应配备视镜方便观察排水情况。

5.5.6 沼气利用系统的设计应符合下列规定:

1 沼气利用方式应结合项目特点、规模、周边用户等情况,经技术经济比较后确定。

2 沼气发电利用时,宜采用内燃式发电机。额定负荷下,Ⅲ类处理厂的发电效率不宜低于30%,Ⅱ类及以上处理厂的发电效率不宜低于40%。

3 沼气提纯时，产品技术指标根据要求可执行现行国家标准《车用压缩天然气》GB 18047、《天然气》GB 17820 或《燃气工程项目规范》GB 55009 的相关要求。

4 脱硫沼气送入用气设备前，应根据不同用气设备的供气要求设立针对性的监控仪表，方便监控沼气参数，例如沼气压力、湿度、甲烷含量、氧气含量、硫化氢含量等。

5.5.7 应急火炬系统的设计应符合下列规定：

1 湿垃圾厌氧消化处理厂应设置应急火炬，宜采用封闭式火炬，火炬应设置在厂区全年主导风向的下风向。

2 火炬应满足沼气在 10%～110% 负荷范围充分燃烧，火炬应具有点火、熄火安全保护功能。

3 火炬进口宜设置截止型调节阀，以减少沼气放散时对全厂沼气压力波动的影响。

5.5.8 沼气管道附件的设计应符合下列规定：

1 埋地沼气管道宜采用聚乙烯燃气管，应符合现行国家标准《燃气用埋地聚乙烯(PE)管道系统 第 1 部分：管材》GB 15558.1 的有关规定；架空沼气管道可采用不锈钢无缝钢管或不锈钢焊接钢管，应符合现行国家标准《流体输送用不锈钢无缝钢管》GB/T 14976、《低压流体输送用焊接钢管》GB/T 3091 的有关规定。

2 沼气管道坡度不宜小于 0.3%，管道最低点应设置凝水器，凝水器宜间隔 200 m～250 m 设置 1 处，沼气支管坡向干管，小口径管坡向大口径管。

3 聚乙烯燃气管道埋设的最小覆土深度(地面至管顶)应符合以下规定：埋设在车行道下，不得小于 0.9 m；埋设在非车行道(含人行道)下，不得小于 0.6 m；埋设在机动车不可能到达的地方时，不得小于 0.5 m；当埋深达不到上述要求时，应采取保护措施。

4 架空沼气管道穿越车行道时，管底至路面的净高不宜小于 4.5 m；穿越人行道时，管底至路面的净高不宜小于 2.2 m。

5 沼气管道的流体计算、管材选择等应符合现行国家标准

《燃气工程项目规范》GB 55009 的有关规定。

  6 进入室内的沼气总管应设置紧急切断阀,切断阀应布置在室外,并与室内可燃气体检测仪联锁。紧急切断阀前应设手动切断阀,紧急切断阀宜采用自动关闭、现场人工开启型。

  7 至各用气设备前的管道上应设放散管、阻火器。

5.6　沼液与沼渣处理系统

5.6.1 沼液沼渣后处理技术的选择,宜以提高其综合利用效益、避免环境二次污染、实现资源化利用为原则。

5.6.2 沼液作为液态肥,应取得相关部门许可,并满足现行行业标准《沼气工程沼液沼渣后处理技术规范》NY/T 2374 的相关要求;沼液作为污水处理,宜选用"预处理＋生物处理＋深度处理"组合处理工艺,预处理、生化处理产生的污泥宜与沼渣一并处理。

5.6.3 沼渣利用前应进行无害化和稳定化处理,宜作为有机肥或其他产品原料。当作为有机肥料时,应满足现行行业标准《有机肥料》NY/T 525 的要求,并取得相关部门许可;当用作绿化基质土时,应符合现行国家标准《绿化用有机基质》GB/T 33891 的要求;当作为土壤调理剂时,应符合现行行业标准《土壤调理剂通用要求》NY/T 3034 的要求。

5.6.4 沼渣干化处理时,干化机内与沼渣接触部件材质宜采用不锈钢材质,干化机的蒸发强度不宜高于 6 $kg/m^2 \cdot h$,载气中氧气含量不宜高于 6%,载气需经除尘、冷凝脱水后排入除臭系统,冷凝后载气温度不宜高于 50℃。

5.6.5 沼渣采用炭化处理工艺时,其烟气排放应符合现行国家标准《生活垃圾焚烧污染控制标准》GB 18485 的有关要求。

5.6.6 沼渣资源化产品的储存应根据产品产量、市场需求周期等因素,综合考虑存贮仓库的容量,且不应低于 15 d 的周转。

5.7 臭气收集与净化

5.7.1 垃圾卸料、储存、输送、处理过程中产生的臭气,应采取气流阻隔、臭源密闭、抽吸排风等措施防止恶臭污染物扩散,臭气应集中处理后有组织排放。处理后气体的排放应符合现行国家标准《恶臭污染物排放标准》GB 14554 和现行上海市地方标准《恶臭(异味)污染物排放标准》DB 31/1025 的有关规定。

5.7.2 主要污染源产生的功能区域、工艺设备、水池的密封及臭气风量的计算应符合表 5.7.2 要求。

表 5.7.2 各功能区域换气次数参考值和密封措施

功能区域	换气次数（次/h）	恶臭源浓度	是否进人作业	密封措施	备注
卸料大厅①	3～5	低浓度	进人作业	土建隔断	—
预处理车间	3～5	低浓度	进人作业	土建隔断	—
干化车间	3～5	低浓度	进人作业	土建隔断	—
脱水机房	3～5	低浓度	进人作业	土建隔断	—
沥水间	5～8	高浓度	进人作业	土建隔断	—
出渣间	5～8	高浓度	进人作业	土建隔断	—
人工分拣间	8～12	高浓度	进人作业	土建隔断	—
料坑间②	—	高浓度	不进人作业	土建密封	控制微负压
工艺设备和输送设备	—	高浓度	不进人作业	设备密封	控制微负压
工艺储罐	—	高浓度	不进人作业	设备密封	控制微负压
污水池	—	高浓度	不进人作业	土建密封	控制微负压

注:1) ①:卸料大厅包含车辆回转空间和臭气控制要求较高项目设置的卸料缓冲间。
   2) ②:料坑间包括土建直接用作卸料的储坑间和带工艺料斗的储坑间。
   3) 进人作业功能区域主动送风量宜为排风量的 30%～60%;不进人作业功能区域以排风为主,仅设少量送风或不送风。

5.7.3 全厂臭气宜根据各功能区域恶臭源浓度的不同分质收集,并按下列规定分质处理:

  1 表5.7.2中"高浓度臭源"功能区域收集的臭气,宜采用洗涤+生物滤池为主的组合净化工艺。

  2 表5.7.2中"低浓度臭源"功能区域收集臭气,宜采用洗涤为主的净化工艺。

  3 当外排要求较高时,应增加吸附净化工艺等保障措施。

5.7.4 风机宜采用变频器调节风量。风机的壳体和叶轮材质应选用玻璃钢等耐腐蚀材料,室外放置的玻璃钢风机外壳表面应采用抗紫外线胶壳面。风机宜安装隔音箱。

5.7.5 除臭风管宜考虑母管分配制,每台风机入口宜设调节阀门,出口应设止回阀。

5.7.6 管道布置应简洁;输送含尘气体的风管宜在适当位置设置清扫孔;当风管内可能有冷凝水产生或者油脂聚集时,水平管道应有一定的坡度,坡向应有利于排水,坡度不宜小于0.005,并应在风管的最低点设置排水或者集油装置。

5.7.7 臭气收集管道应选择抗腐蚀的材料,收集管道壁厚不应低于现行国家标准《通风与空调工程施工质量验收规范》GB 50243关于高压风管厚度的要求。

5.7.8 臭气收集管道的拼接缝处应采取密封措施,且不应设在管道底部。

5.7.9 高浓度臭气收集和控制用风机应设置备用,抽气风机应具有防腐性能。

5.7.10 用于收集可能含有可燃气体臭气的风机,应具有防爆性能。

5.7.11 除臭系统主除臭设备的配置数量不应少于2台。

5.7.12 各除臭区域支管宜设置调节阀门。

5.7.13 尾气排气管(筒)上废气监测点位置应符合下列要求:

  1 应优先设置在垂直管段,应避开主风管弯头和断面急剧变化的部位。检测孔位置应设置在距弯头、阀门、变径管下游方向不小于 6 倍(当量)直径和距上述部件上游方向不小于 3 倍(当量)直径处。对于矩形主风管,其当量直径 $D=2AB/(A+B)$,式中 A、B 为边长。监测断面的气流速度宜在 5 m/s 以上。

  2 监测孔因现场空间位置有限,难以满足上述要求时,可选择比较适宜的管段采样,检测孔位置应设置在距弯头、阀门、变径管下游方向不小于 1.5 倍(当量)直径和距上述部件上游方向不小于 1.5 倍(当量)直径处,并应适当增加测点的数量和采样频次。

  3 对于气态污染物,由于混合比较均匀,当不测定气体流量时,其检测孔可不受上述规定限制,但应避开涡流区。

6 辅助工程

6.1 热 动

6.1.1 厂区热源的选择应结合工艺需求,经过技术经济比较后确定。

6.1.2 当采用自备沼气锅炉供热时,宜采用 0# 柴油作为备用燃料。

6.1.3 锅炉房的设计、施工和运行应符合现行国家标准《锅炉房设计规范》GB 50041 的有关规定,排气筒高度、锅炉烟气排放指标应符合现行国家标准《锅炉大气污染物排放标准》GB 13271 和现行上海市地方标准《锅炉大气污染物排放标准》DB31/387 的要求。

6.1.4 锅炉系统总出力应能满足厂区最大小时用热需求,蒸汽参数应根据各工艺装置的用汽需求综合确定。

6.1.5 发电机应配备余热锅炉,回收烟气余热,锅炉排烟温度不宜高于 220℃。

6.2 电气系统

6.2.1 供配电系统应符合下列规定:

1 供配电系统应简单可靠,根据对供电可靠性的要求及中断供电所造成的损失或影响程度确定,重要设备应不低于二级负荷设计,宜采用两回线路供电。

2 变电所选址宜接近负荷中心;不宜设置在有腐蚀性物质的场所,当无法远离时,不应设在污染源盛行风向的下风侧,或应采取有效的防护措施；变电所、配电室和控制室应布置在爆炸性环境以外。

3 电压等级和容量应根据工艺设备的装机容量、运行情况及当地供电网络现状和发展规划等因素综合考虑确定。

4 供配电系统应采用并联电力电容器作为无功补偿装置；当经常使用的单机设备容量大于 300 kW 且负荷平稳时，宜采用就地补偿装置。

5 工艺设备宜采用就地手动控制、控制器自动控制和控制室人工控制的三级控制模式。

6 设备操作平台及检修区域应设置局部照明，照度不宜低于 50 lx，开关置于区域入口处。

7 工程中重要设备及需要经常维护的检修场地应设置检修电源箱，电源箱出线应配置漏电保护。

8 工程中电气设备选型、电缆敷设，应符合国家现行相关标准的规定。

9 主要工艺设备的电机能效能级不应低于二级。

6.2.2 防雷及接地应符合下列规定：

1 厌氧罐区内罐体顶部的放散管不应在雷雨天气打开排放。

2 有爆炸危险的露天金属罐顶壁和侧壁厚度不小于 4 mm 时，宜利用罐体本身作为接闪器，不装设接闪器，罐顶的放散管及正负压保护器等重要设备应满足防雷相关保护要求。非金属罐根据被保护对象的特征设置必要的接闪器。

3 厌氧罐区罐体应设置不少于 2 处接地点，两接地点之间距离宜小于 30 m，每处接地点冲击接地电阻应小于 30 Ω。

4 防雷接地、电气设备工作接地、安全保护接地及信息系统的接地宜共用接地装置，共用接地电阻不应大于 1 Ω。

5 应符合现行国家标准《建筑物防雷设计规范》GB 50057 等的有关规定。

6.2.3 防静电应符合下列规定：

1 爆炸和火灾危险环境内可能产生静电危害的区域，应采取静电接地措施。

2 处理工程中的作业场所，人员操作区域的入口处应设置消除人体静电装置。

3 防静电接地装置接地电阻不宜大于 100 Ω。

6.2.4 防爆应符合下列规定：

1 电气装置和线路宜置于爆炸性环境以外；当需设在爆炸性环境内时，应布置在爆炸危险性较小的地点。

2 爆炸危险区域内电气设备宜采用隔爆型，防爆电气设备的类别等级不应低于ⅡA T1。

3 爆炸危险区域内电缆在架空、桥架敷设时，宜采用阻燃电缆；当采用钢管配线时，应做好隔离密封。

4 爆炸性环境中应采用 TN 制式接地系统，并宜采用 TN-S 制式。

5 爆炸危险区域敷设的金属管道，每隔 30 m 用金属线连接。如管道内输送可燃性介质，在始端、末端、分支处均应设置防雷电感应的接地装置，接地电阻不应大于 30 Ω。

6 应符合现行国家标准《爆炸危险环境电力装置设计规范》GB 50058 等的有关规定。

6.3 发电并网系统

6.3.1 沼气发电并网系统宜采用自发自用、余电上网方式。继电保护、调度自动化、系统通信、电能计量等应满足当地供电局要求。

6.3.2 沼气发电机组机端出线电压宜采用 10 kV，单机容量较小的机组出线电压，应经技术经济比较后确定。采用 0.4 kV 机端电压的机组，可根据并网需要设置升压变压器。

6.3.3 发电并网系统无升压变压器时,宜设置 10 kV/10 kV 隔离变压器,变压器容量需结合近远期厂区发电容量配置。

6.3.4 沼气发电机组的同期点宜置于发电机出口断路器处,解列点宜置于接在母线上的发电机并网断路器处。

6.3.5 发电机房宜靠近高配间,当置于不同位置时,机组需设置就地明显断开点,容量大于 1 000 kW 的宜采用断路器。

6.3.6 发电机组并网侧应配置电能计量表计。

6.3.7 发电机组长距离输送沼气管道应考虑保温或温度补偿措施,增压后的沼气管道应考虑埋地敷设或采用保温或伴热等措施。

6.4 仪控系统

6.4.1 过程检测仪表应符合下列规定:

1 全厂应设置自来水、污水、蒸汽、原料、残渣等输入或输出计量设备或仪表,各子系统应设置自来水、蒸汽、沼气、物料等计量仪表。

2 固体物料输送易发生堵料风险的部位,如破碎机、挤压机、制浆机进料口宜设置堵料检测开关,防止溢料。

3 浆液存储罐体、池体等处宜设置压力式液位传感器。

4 沼气流量计冷干机前宜采用超声波流量计,冷干机后可采用热质流量计;自来水、污水及浆液管道宜采用电磁流量计;蒸汽管道宜采用孔板或涡街流量计。

5 厌氧消化反应器应设置液位、温度、压力、沼气流量及沼气成分检测仪表。

6 脱硫装置进出口宜设置沼气甲烷、硫化氢浓度检测仪表,生物脱硫后的沼气应设置氧气检测仪表,发电及锅炉用气端宜设置湿度测量仪表。

7 气柜应设置压力、物位等检测仪表,气柜后设备应增加甲烷和硫化氢检测。

  8 沼气增压风机后端应设置压力、温度、流量检测仪表。

  9 放散火炬应设置自动点火、火焰检测及报警、压力检测及报警装置。

  10 检测仪表应根据使用条件,满足防爆、防腐的环境要求。

6.4.2 气体检测报警系统应符合下列规定：

  1 为保障生产安全和人身安全,对厂区生产、输送及储存中存在可燃气体或有毒气体泄漏并达到危险浓度的区域,应设置气体检测报警系统。

  2 可能发生沼气泄漏并产生爆炸危险的地方应设置甲烷气体探测器。

  3 通风不畅的地下空间、可下人的设备坑等处应配置固定式硫化氢气体探测器。

  4 危险气体探测器的报警信号应动作于声光报警装置,声光报警装置应设置在危险区域入口处。

  5 气体检测报警系统应与事故通风装置或除臭收集净化装置联锁。

6.4.3 安全防范系统应符合下列规定：

  1 宜在卸料大厅、垃圾料坑、出渣间、沼气锅炉房、地下区域、各设备的敞开式进料口、厌氧罐顶部区域、毛油罐区、沼气气柜等重点生产区域设置视频监控装置。

  2 宜在危险区域、重点管理区域的出入口处设置门禁装置。

6.4.4 自动化控制系统应符合下列规定：

  1 厂区自控系统应分为中央控制层和现场控制层两个层级。

  2 中央控制层应采用计算机监控系统实现对全厂生产进行监控和调度;现场控制层应按工艺段分别设置现场控制站,各现场控制站的控制器宜采用可编程序控制器(PLC)。

6.5 数字化平台

6.5.1 Ⅰ类湿垃圾处理厂应设置数字化运维管理平台,Ⅱ类湿垃圾处理厂宜设置数字化运维管理平台。

6.5.2 平台宜采用三层网络架构,网络安全等级不应低于二级保护标准;宜融合BIM、GIS、工业物联网等技术,完成设计、建设、交付及运维的全生命周期数字化管理。

6.5.3 平台宜具备生产运行监测模块、能耗管理模块、故障诊断分析模块、维修保养模块、资产管理模块、EHS管理模块及MIS管理模块等功能。

6.5.4 水、电、气等介质应设置能耗计量装置,纳入能耗管理;计量装置的类型、精度及位置等应满足数字化运维管理要求。

6.5.5 视频信号、门禁信号宜接入数字化运维管理平台,与其EHS模块实现联动管理。

6.6 给排水

6.6.1 厂内给水应符合现行国家标准《室外给水设计标准》GB 50013、《建筑给水排水设计标准》GB 50015和《建筑给水排水与节水通用规范》GB 55020的规定。

6.6.2 厂内生活用水应符合现行国家标准《生活饮用水卫生标准》GB 5479的水质要求,用水标准及定额应符合现行国家标准《建筑给水排水设计标准》GB 50015的有关规定。

6.6.3 厂内生产用水宜结合各用水点水质需求分质供水。

6.6.4 厂区排水应符合现行国家标准《室外排水设计标准》GB 50014、《建筑给水排水设计标准》GB 50015和《建筑给水排水与节水通用规范》GB 55020的规定。

6.6.5 厂区应雨污分流,存在污染风险的室外区域应设置初期雨水截流设施。初期雨水量可按照国家标准《石油化工污水处理设计规范》GB 50747—2012 第 3.1.1 条进行计算：污染雨水储存设施的容积宜按污染区面积与降雨深度的乘积计算，降雨深度宜取 15 mm～30 mm。

6.6.6 厂区污水宜分高、低浓度分质收集、分质处理。

6.7 消 防

6.7.1 厂区消防给水系统应符合现行国家标准《建筑设计防火规范》GB 50016、《消防设施通用规范》GB 55036、《建筑防火通用规范》GB 55037、《消防给水及消火栓系统技术规范》GB 50974 和《自动喷水灭火系统设计规范》GB 50084 的有关规定。

6.7.2 厂区建筑物防火等级的确定应符合现行国家标准《建筑设计防火规范》GB 50016 的有关规定。

6.7.3 厌氧及沼气系统的消防设计应符合现行国家标准《大中型沼气工程技术规范》GB/T 51063 的有关规定。

6.7.4 锅炉房的消防设计应符合现行国家标准《锅炉房设计标准》GB 50041 的有关规定。

6.7.5 毛油罐、柴油罐等可燃液体储罐的消防设计应符合现行国家标准《建筑设计防火规范》GB 50016 和《石油化工企业设计防火标准》GB 50160 的有关规定。

6.7.6 厂区灭火器的配置应符合现行国家标准《建筑灭火器配置设计规范》GB 50140 和《消防设施通用规范》GB 55036 的有关规定。

6.7.7 各建筑物的防排烟设计应符合现行国家标准《建筑设计防火规范》GB 50016、《消防设施通用规范》GB 55036、《建筑防火通用规范》GB 55037、《建筑防烟排烟系统技术标准》GB 51251 的有关规定。

6.7.8 湿垃圾处理厂的电气消防设计应符合现行国家标准《建筑设计防火规范》GB 50016、《建筑防火通用规范》GB 55037 和

《火灾自动报警系统设计规范》GB 50116的有关规定。

6.8 供暖与通风

6.8.1 各建筑物的供暖与通风设计应符合现行国家标准《工业建筑供暖通风与空气调节设计规范》GB 50019的有关规定。
6.8.2 可能产生爆炸危险的车间，其通风换气设备应具有防爆功能。
6.8.3 电气专用设备间应结合设备散热，设置可单独控制的通风或空调制冷系统。

6.9 防腐涂装

6.9.1 防腐蚀工程的设计寿命应在设计说明中予以明确。防腐材料应根据其对不同介质及工作环境的适应性合理选择。
6.9.2 腐蚀性等级的确定应符合下列要求：
  1 腐蚀性介质按其存在形态可分为气态介质、液态介质和固态介质。各种介质应按其性质、含量和环境条件划分类别，生产部位的腐蚀性介质类别应根据生产条件确定。
  2 介质对罐体长期作用下的腐蚀性可分为强腐蚀、中腐蚀、弱腐蚀和微腐蚀四个等级。同一形态的多种介质同时作用同一部位时，腐蚀性等级应取最高者；同一介质依据不同方法判定的腐蚀性等级不同时，应取最高者。
  3 常温下，气态、液态、固态介质对罐体的腐蚀性等级要求应符合现行国家标准《工业建筑防腐蚀标准》GB/T 50046的有关规定。
6.9.3 钢结构构件及混凝土构件的表面防护要求应符合现行国家标准《工业建筑防腐蚀标准》GB/T 50046的有关规定，钢制厌氧消化器的防腐施工要求应符合现行国家标准《大中型沼气工程技术规范》GB/T 51063的有关规定。

7 环境保护

7.0.1 入厂运输车辆车容车貌应整洁,不存在跑冒滴漏;湿垃圾的输送、处理各环节应做到密闭,并应设置臭气收集、处理设施,不能密闭的部位应设置局部集气除臭装置。

7.0.2 车间内有害气体浓度应符合现行国家标准《工业企业设计卫生标准》GBZ 1 的有关规定。集中排放气体和厂界大气的恶臭气体排放应符合现行国家标准《恶臭污染物排放标准》GB 14554 及现行上海市地方标准《恶臭(异味)污染物排放标准》DB 31/1025 的有关规定。锅炉烟气排放应符合现行国家标准《锅炉大气污染物排放标准》GB 13271 及现行上海市地方标准《锅炉大气污染物排放标准》DB 31/387 的有关规定。

7.0.3 湿垃圾处理过程中的生产废水应得到有效收集并优先进入厌氧系统处理,与生活废水宜分开收集与处理。

7.0.4 湿垃圾处理过程中产生的预处理分选残渣、沼渣及污水处理产生的污泥应进行无害化处理,脱硫过程产生的废弃脱硫剂应委托有资质的企业处置。

7.0.5 对噪声大的设备应采取隔声、吸声、降噪等措施。作业区的噪声应符合现行国家标准《工业企业设计卫生标准》GBZ 1 的规定,厂界噪声应符合现行国家标准《工业企业厂界环境噪声排放标准》GB 12348 的规定。

7.0.6 湿垃圾厌氧消化处理厂应配置常规的监测设施和设备,并应定期根据环评要求对工作场所和厂界进行环境监测。

8 职业卫生与劳动安全

8.0.1 应按现行国家标准《工业企业设计卫生标准》GBZ 1、《生产过程安全卫生要求总则》GB/T 12801 的有关规定执行,并应结合作业特点采取有利于职业病防治和保护作业人员健康的措施。

8.0.3 应在湿垃圾处理工程现场设置劳动防护用品贮存室,定期进行盘库和补充;定期对使用过的劳动防护用品进行清洗和消毒;及时更换有破损的劳动防护用品。

8.0.4 湿垃圾处理工程应设道路行车指示、安全生产标志标识。

8.0.5 湿垃圾处理厂应设置危废暂存间,危险废物暂存应按照现行国家标准《危险废物贮存污染控制标准》GB 18597 有关规定执行。

8.0.6 接触刺激性或腐蚀性化学药品的操作场所,应配备供急救用的洗眼器。

8.0.7 室内封闭式沥水收集间、污水泵房等,应设置有毒气体监测和报警设施。

9 工程施工与验收

9.1 基本规定

9.1.1 工程质量验收过程中填写的记录应准确完整,并应符合现行国家标准《建设工程文件归档规范》GB/T 50328 的要求。

9.1.2 工程质量验收交工资料应采用现行国家标准《城镇污水处理厂工程质量验收规范》GB 50334 中的相关表格。

9.2 施工与验收标准

9.2.1 土建验收应满足相应规范的要求。

9.2.2 机械设备安装应符合现行国家标准《机械设备安装工程施工及验收通用规范》GB 50231 和《城镇污水处理厂工程质量验收规范》GB 50334 的有关规定。

9.2.3 特种设备安装工程验收应符合现行国家标准《起重设备安装工程施工及验收规范》GB 50278 和《压力容器 第 1 部分:通用要求》GB/T 150.1、《压力容器 第 4 部分:制造、检验和验收》GB/T 150.4 的有关规定。

9.2.4 钢制厌氧罐的制作与安装应满足现行国家标准《立式圆筒形钢制焊接储罐施工规范》GB 50128 的相关要求。

  1 储罐施工完毕后,应进行充水试验,并应检查下列内容:
   1)罐底严密性。
   2)罐壁强度及严密性。
   3)内部管道的严密性。
   4)基础沉降观测。

2 充水试验应符合下列规定：

　　1）充水试验前所有附件及焊接工作均已完成。

　　2）充水试验宜采用洁净水，温度不低于5℃。

　　3）充水试验过程中应对基础进行沉降观测。

　　4）具体要求可参照现行国家标准《立式圆筒形钢制焊接储罐施工规范》GB 50128 中的规定进行。

9.2.5 仪表及自控系统工程质量验收应符合现行国家标准《自动化仪表工程施工及质量验收规范》GB 50093 的有关规定。

9.2.6 电气及自动化系统工程质量验收应符合现行国家标准《建筑电气施工质量验收规范》GB 50303 的有关规定。

10 工程调试及运行

10.1 工程调试

10.1.1 单机调试应符合下列规定：

1 单机调试准备，相关机电设备、泵、工艺管线、仪表的设置与PID图逐一确认，且须满足设计文件的要求，电机转动方向无误，润滑油脂等加注完成，有关电气设备安装完毕、质量合格，仪表回路合格且经校验。

2 单机调试应逐台调试，试车程序按驱动装置单动、整机无负荷和整机带负荷三个阶段依次进行，带负荷介质一般为水或空气。

3 单机调试时应根据设备类型与功能，重点检查以下项目：有无异声、异状；轴承温度；操作压力、温度、转速和振动值；电机的电流、电压和温升等。

4 单机调试检查标准应符合制造厂提供并经建设单位确认的技术文件的要求。

10.1.2 电气仪表调试应符合下列规定：

1 仪表及其控制装置在调校前应进行外观、附件以及表内零件等检查，已达到仪表与工艺控制本身精度登记要求，并符合现场使用条件。

2 仪表和控制装置的校验点应在全刻度或全量程范围内均匀选取，其数目除有特殊规定外，不应少于5个点，且应包括常用点。

3 仪表校验时，其正反行程的基本误差不应超过仪表允许的基本误差，且符合国家仪表专业标准或仪表使用说明书的规定。

4 压力变送器应进行零点修正,并视实际安装位置对量程进行补偿迁移。

5 压力(压差)开关应根据工艺要求调整开关触发值。

10.1.3 联动调试应符合下列规定:

1 联动调试根据湿垃圾厌氧消化处理工程安装工艺流程与专业类型分联动空载调试、联动清水调试和联动负载调试,联动调试前应编制联动调试方案与应急预案。

2 联动调试前,应对各单机设备、仪表、阀门以及联锁控制单元进行检查,确认初始工艺参数。

3 联动调试启动时,应观察与记录设施设备的开启次序是否符合PID设置流程,各设备、仪表的电流、频率、温度、压力等参数数值是否满足设计要求。

4 联动调试过程中,应检查并确认系统运行状态,并根据工艺逻辑控制说明,适时调整过程控制参数,以验证设备、阀门、仪表的联锁、报警、保护、启停等传动试验是否按照正确的设计执行。

5 联动调试结束后,调试工作组填写联动空载调试质量验收表,并完成监理、建设、施工以及生产等单位签证验收。

10.2 运行及管理

10.2.1 运行管理应符合下列规定:

1 根据本标准建立运行管理组织架构,制定相应的运行维护规程与应急预案,并定期修订。

2 按照6S定置管理要求,结合实际情况设置工作看板、标识标牌、划定车间巡检路线,通过可视化手段理顺流程、提高效率、杜绝事故。

3 根据物料特性、工艺参数要求周期性地开展系统工艺运行指标检测和污水、臭气、固体残渣以及噪声等生产和环保指标检测，确保设施设备高效运行，避免二次污染。

4 建立生产运行管理台账，内容应涵盖垃圾处理、环保排放、资源化利用、设施设备运维、突发事件、生产管理、人员管理等台账记录，并配合接受上级主管部门的检查与监督。

5 从事湿垃圾收集、运输、处理的单位应辨别生产过程的危险因素及危险源，制定安全生产规章制度，对作业人员进行劳动安全与卫生防护专业培训。

10.2.2 维护保养管理应符合下列规定：

1 应建立一机一档的维修保养计划，包括护栏、爬梯、支架平台、照明和防雷等各方面设施，确保工艺设备及其附属设施完好，消除安全隐患。

2 针对主要生产设施设备，除日常巡检维护外，应加强维护保养，主要包括：

> 1) 预处理非标设备及其电机、液压马达等应至少每季度进行 1 次针对润滑油脂、振动、轴温等事项的检测与维护；螺旋输送机、皮带输送机、泵及风机等标准设备应按照出厂设备维护要求进行定期检测与维护。
>
> 2) 厌氧消化装置应至少每年进行 1 次检查与维护；搅拌机构及其电机应至少每季度进行 1 次针对润滑油脂、振动、轴温等事项的检测与维护；常开阀门应至少每月进行 1 次开闭操作；正负压保护器、安全阀、爆破片应至少每半个月进行 1 次检查与维护。
>
> 3) 锅炉系统及其供热管道上附属的仪表、阀门应按标准及时送检、校正，根据设备操作规程和作业安全操作规程定期检测锅炉用水指标，定时排放空气、冷凝水及相关污水。
>
> 4) 沼气储气柜和脱硫系统应定期进行气密性检测，严格按照相关规定将饱和干粉脱硫剂、硫磺膏等危险废弃物交

由有危废处理资质的单位处理；沼气发电机组应根据具体厂商要求进行定期专业维护保养。

  5）行车、叉车、起重机、锅炉等特种设备定期委托特检、安检等单位进行专业校验、检查与维护。

10.2.3 安全操作管理应符合下列规定：

  1 安全卫生管理应符合现行国家标准《生产过程安全卫生要求总则》GB/T 12801 的要求。

  2 操作人员在生产作业过程中，应穿戴好必要的劳保用品，做好安全防范。

  3 厂区生产所需的酸、碱以及有毒有害药剂、药品应由专人负责管理并做好台账。

10.2.4 应急预案应符合下列规定：

  1 湿垃圾厌氧消化处理厂应针对突遇停电、突发暴雨或台风、人员触电、人员落水、中毒、火灾、爆炸等可能的突发事故编制应急预案。

  2 应急预案编制应贯彻"安全第一，预防为主"的安全生产方针，落实安全生产责任制，预防重大生产安全事故发生，并能在事故发生后迅速有效控制处理。

10.2.5 特殊作业，如有限空间作业、登高作业、危险区域电焊和切割等动火作业等，应事先制订施工作业方案，报专职管理人员或相关负责人批准后，严格按照方案执行。

本标准用词说明

1 为便于在执行本标准条文时区别对待，对要求严格程度不同的用词说明如下：
  1）表示很严格，非这样做不可的用词：
     正面词采用"必须"；
     反面词采用"严禁"。
  2）表示严格，在正常情况下均应这样做的用词：
     正面词采用"应"；
     反面词采用"不应"或"不得"。
  3）表示允许稍有选择，在条件许可时首先应这样做的用词：
     正面词采用"宜"；
     反面词采用"不宜"。
  4）表示有选择，在一定条件下可以这样做的用词，采用"可"。

2 条文中指明应按其他有关标准、规范执行时的写法为"应符合……的规定"或"应按……执行"。

引用标准名录

1 《压力容器 第1部分:通用要求》GB/T 150.1
2 《压力容器 第4部分:制造、检验和验收》GB/T 150.4
3 《生产过程安全卫生要求总则》GB/T 12801
4 《工业企业厂界环境噪声排放标准》GB 12348
5 《锅炉大气污染物排放标准》GB 13271
6 《恶臭污染物排放标准》GB 14554
7 《流体输送用不锈钢无缝钢管》GB/T 14976
8 《生活垃圾焚烧污染控制标准》GB 18485
9 《危险废物贮存污染控制标准》GB 18597
10 《城镇污水处理厂污染物排放标准》GB 18918
11 《污水排入城镇下水道水质标准》GB/T 31962
12 《生活垃圾处理处置工程项目规范》GB 55012
13 《室外给水设计标准》GB 50013
14 《室外排水设计标准》GB 50014
15 《建筑给水排水设计标准》GB 50015
16 《建筑设计防火规范》GB 50016
17 《工业建筑供暖通风与空气调节设计规范》GB 50019
18 《锅炉房设计标准》GB 50041
19 《工业建筑防腐蚀标准》GB/T 50046
20 《供配电系统设计规范》GB 50052
21 《20 kV 及以下变电所设计规范》GB 50053
22 《建筑物防雷设计规范》GB 50057
23 《爆炸危险环境电力装置设计规范》GB 50058
24 《自动喷水灭火系统设计规范》GB 50084

25	《自动化仪表工程施工及质量验收规范》	GB 50093
26	《火灾自动报警系统设计规范》	GB 50116
27	《立式圆柱形钢制焊接储罐施工规范》	GB 50128
28	《建筑灭火器配置设计规范》	GB 50140
29	《石油化工企业设计防火标准》	GB 50160
30	《机械设备安装工程施工及验收通用规范》	GB 50231
31	《通风与空调工程施工质量验收规范》	GB 50243
32	《起重设备安装工程施工及验收规范》	GB 50278
33	《建筑电气施工质量验收规范》	GB 50303
34	《建设工程文件归档规范》	GB/T 50328
35	《城镇污水处理厂工程质量验收规范》	GB 50334
36	《石油化工污水处理设计规范》	GB 50747
37	《消防给水及消火栓系统技术规范》	GB 50974
38	《大中型沼气工程技术规范》	GB/T 51063
39	《建筑防烟排烟系统技术标准》	GB 51251
40	《民用建筑电气设计标准》	GB 51348
41	《燃气工程项目规范》	GB 55009
42	《生活垃圾处理处置工程项目规范》	GB 55012
43	《建筑给水排水与节水通用规范》	GB 55020
44	《消防设施通用规范》	GB 55036
45	《建筑防火通用规范》	GB 55037
46	《工业企业设计卫生标准》	GBZ 1
47	《环境卫生设施设置标准》	CJJ 27
48	《生活垃圾堆肥处理技术规范》	CJJ 52
49	《餐厨垃圾处理技术规范》	CJJ 184
50	《城镇污水处理厂臭气处理技术规程》	CJJ/T 243
51	《固定源废气监测技术规范》	HJ/T 397
52	《固体废物 有机质的测定 灼烧减量法》	HJ 761
53	《有机肥料》	NY/T 525

54 《沼气工程技术规范 第1部分:工程设计》NY/T 1220.1
55 《沼气工程沼液沼渣后处理技术规范》NY/T 2374
56 《土壤调理剂 通用要求》NY/T 3034
57 《锅炉大气污染物排放标准》DB31/387
58 《大气污染物综合排放标准》DB31/933
59 《恶臭(异味)污染物排放标准》DB31/1025
60 《湿垃圾处理残余物的生物稳定性评价方法》DB31/T 1208
61 《建筑防排烟系统设计标准》DG/TJ 08—88

上海市工程建设规范

湿垃圾厌氧消化处理工程技术标准

DG/TJ 08—2423—2023
J 17038—2023

条文说明

2023　上海

目次

2 术　语 …………………………………………………… 43
3 厂址选择 ………………………………………………… 44
4 总体设计 ………………………………………………… 45
   4.1 规模与分类 ………………………………………… 45
   4.2 总图设计 …………………………………………… 45
5 主体工艺 ………………………………………………… 47
   5.1 一般规定 …………………………………………… 47
   5.2 计量与接收 ………………………………………… 48
   5.3 预处理系统 ………………………………………… 48
   5.4 厌氧消化及脱水系统 ……………………………… 49
   5.5 沼气存储、净化及利用系统 ……………………… 50
   5.6 沼液与沼渣处理系统 ……………………………… 51
   5.7 臭气收集与净化 …………………………………… 52
6 辅助工程 ………………………………………………… 54
   6.2 电气系统 …………………………………………… 54
   6.3 发电并网系统 ……………………………………… 56
   6.4 仪控系统 …………………………………………… 56
   6.5 数字化平台 ………………………………………… 57
   6.6 给排水 ……………………………………………… 58
   6.7 消　防 ……………………………………………… 58
   6.8 供暖与通风 ………………………………………… 59
   6.9 防腐涂装 …………………………………………… 59
7 环境保护 ………………………………………………… 60
8 职业卫生与劳动安全 …………………………………… 61

9 工程施工与验收 …………………………………………… 62
　9.2 施工与验收标准 ………………………………………… 62
10 工程调试及运行 …………………………………………… 63
　10.1 工程调试 ………………………………………………… 63
　10.2 运行及管理 ……………………………………………… 63

Contents

2 Terms ·· 43
3 Selection of plant site ······························ 44
4 General design ·· 45
   4.1 Scale and classification ···················· 45
   4.2 General layout ································· 45
5 Principle processes ·································· 47
   5.1 General requirements ······················· 47
   5.2 Measurement and acceptance ············ 48
   5.3 Pretreatment system ························ 48
   5.4 Anaerobic digestion and dehydration system ········ 49
   5.5 Biogas storage, purification and utilization system ················ 50
   5.6 Biogas slurry and biogas residue treatment system ················ 51
   5.7 Odor collection and purification ········ 52
6 Auxiliary works ······································ 54
   6.2 Electrical system ····························· 54
   6.3 Power grid system ·························· 56
   6.4 Instrument control system ··············· 56
   6.5 Digital platform ······························ 57
   6.6 Water supply and drainage ·············· 58
   6.7 Fire protection ································ 58
   6.8 Heating and ventilation ··················· 59
   6.9 Anti-corrosion coating ···················· 59

7 Environmental protection 60
8 Occupational safety and health 61
9 Construction and acceptance 62
   9.2 Construction and acceptance standards 62
10 Commissioning and operation 63
   10.1 Commissioning 63
   10.2 Operation and management 63

2 术　语

2.0.1 为了避免混淆定义，湿垃圾定义参考并结合了《上海市生活垃圾分类管理条例》和现行国家标准《城市生活垃圾分类标志》GB/T 19095 有关描述，其中湿垃圾等同于《城市生活垃圾分类标志》GB/T 19095 的厨余垃圾，针对上海地区收运、处理、管理等多部门的通用称谓，将湿垃圾按来源分为餐厨垃圾和厨余垃圾。

2.0.3～2.0.5 目前国内干式、湿式和半干式厌氧消化虽然均有工程案例，但对其划分暂没有统一标准。通常，厌氧罐内物料含固率在 10% 以下时，罐内易出现分层现象，工程上往往需要在预处理环节将骨头、贝壳等重物质和塑料、纤维等轻飘杂质予以去除；而当罐内含固率超过 15% 时，在适当强度的搅拌下，厌氧罐内物料分层现象降低，此时往往无需在预处理环节去除轻飘和重质杂质。因此，本标准结合不同罐内物料含固率下物料分层难易程度，及不同类型厌氧消化反应器对前端预处理要求进行干、湿式厌氧的划分，将罐内含固率低于 10% 的厌氧消化定义为湿式厌氧消化，将罐内含固率高于 15% 的厌氧消化定义为干式厌氧消化，罐内含固率在二者之间的定义为半干式厌氧消化。

3 厂址选择

3.0.2 服务区域、垃圾收集运输能力、运输距离、预留发展等因素是厂址选择时重点考虑的因素。

3.0.3 湿垃圾厌氧消化处理过程会产生一些污水和残渣,如与其他固体废物处理设施或污水处理设施同址建设,则其污水和残渣处理可以协同共享,进而节省投资和运行成本。同址建设也有利于污染物的集中处理,减少环境影响。

3.0.4 本条从工程地质、水文地质、交通、电力、给水排水及环境敏感性等方面提出了选址要求,这些因素直接影响工程的可行性。

4 总体设计

4.1 规模与分类

4.1.1 本条是为湿垃圾处理厂规模确定提出的要求。考虑上海湿垃圾分类收运基本全覆盖,宜以现状实际收运数据为依托,合理预测今后湿垃圾产量变化。同时,湿垃圾的产生具有季节波动性,因此在确定湿垃圾处理规模前要对本厂服务区域内的湿垃圾产生特点和产生量进行深入调查,包括湿垃圾产量的季节性变化数据。

4.1.2 由于上海全市已实现湿垃圾全量分类管理,各区湿垃圾收运量基本已经全覆盖,因此以人均收运量为基数,结合项目规划服务年限内常驻人口,并考虑月波动的影响,进行垃圾产量预测相对准确可靠。当前一年某月份受疫情等突发因素影响时,其当月统计数据应扣除,不予以统计。

4.1.4 本条根据处理能力将湿垃圾处理厂分为三类,便于针对不同规模的湿垃圾处理厂执行相应的建设标准。

4.2 总图设计

4.2.1 欧洲发达国家湿垃圾厌氧消化后的产物沼渣、沼液较多制成有机肥、液态肥等土地利用产品,而目前国内绝大部分地域或地区沼渣、沼液资源化产品在农业、林业生产中应用仍存在政策性"壁垒",沼渣以外运焚烧处理为主,沼液按照污水进行处理,导致目前湿垃圾处理资源化率较低,处理成本高。随着国家"双碳"政策的推进以及资源化技术的发展,湿垃圾厌氧后的沼渣、沼液在未来实现农林业资源化利用或可期待,因此建议规模较大的Ⅰ类湿垃圾处理厂宜预留资源化设施用地。

4.2.3 垃圾收集高峰时段,垃圾车辆可能会在厂门口集聚,影响人的通行,因此本条提出可以分别设置人流和物流出入口。

4.2.5 厌氧消化反应器、沼气柜、火炬、室外沼气预处理、室外发电机为产生或利用沼气的生产设施,毛油储罐为丙类液体储罐,具有火灾危险性,与周边设施间距应符合国家现行防火规范要求。由于现行国标缺乏针对预处理装置、提纯装置、室外发电机等装置的消防间距要求,因此建议适度参考现行国家标准《石油化工企业设计防火规范》GB 50160 中设备平面布置防火间距要求。

5 主体工艺

5.1 一般规定

5.1.1 不同类型厌氧消化,对处理要求不同,主体处理工艺选择应根据湿垃圾成分和处理要求,力求简洁、高效。

5.1.2 餐厨垃圾含油率高,应设置提油工序;厨余垃圾近年来随着收运质量的提高,其含油率往往接近1%,提取油脂有利于回收油脂资源,并降低其对后续厌氧消化的影响,因此建议厨余垃圾根据具体情况合理选择提油工序。

5.1.3 湿垃圾是固液混合物,其输送设备选型至关重要,输送过程中的卡堵问题、密闭性、故障率、输送效率等是选型应考虑的主要因素。目前应用较多的湿垃圾输送设备通常采用无轴螺旋输送机,其优点是密闭性好,输送效率相对较高,但其缺点是无法输送沥水,需单独设置泵送系统;斗式提升机可实现固液同步输送,但物料中杂质较多时容易出现卡堵故障;总之,湿垃圾浆液具有含固率高、黏度大、易堵塞等特点,其输送设备的选型应结合工艺需求合理确定。

5.1.4 湿垃圾厌氧消化反应器型式多种,不同型式反应器对物料含水率、杂质含量要求不同;同时物料有机质含量、碳氮比也是选择厌氧消化反应器的重要基础参数,往往处理高含固率、高有机质含量、高杂质含量的反应器结构型式更复杂,其造价也更高,但其对预处理要求相对较低。因此,厌氧消化反应器的选型应经过技术经济比选后确定。

5.1.6 考虑管道巡检、维护便捷,浆液管道、沼液管道、毛油管道等工艺管线尽量明管敷设。

5.2 计量与接收

5.2.1 湿垃圾进料、出渣及油脂、肥料等产品的计量应采用专用的计量设施,相关数据除用于厂区自身管理外,还应根据相关政府部门要求,设置数据传输等功能。为避免高峰期物料出入厂区计量排队等问题,Ⅱ类以上湿垃圾厌氧消化处理厂设置进、出称重计量设施。

5.2.2 湿垃圾卸料环节臭气控制是重点,因此建议卸料环节在封闭空间内完成。考虑垃圾车卸料过程可能存在倾倒举升过程,因此卸料间尺寸应满足最大湿垃圾运输车辆的卸料作业要求。

5.2.3 受到湿垃圾收运的影响,湿垃圾收集车辆存在高峰卸料时间,为尽量降低收集车排队现象,对湿垃圾卸料缓存斗的数量提出要求。

5.2.4 考虑湿垃圾腐蚀性较大,餐厨垃圾接料装置宜采用不锈钢卸料斗,容积应满足高峰期的卸料需求;厨余垃圾易出现卸料架桥的问题,因此增加了料坑接料。

5.2.5 本条规定了湿垃圾卸料间及料斗、车辆的冲洗要求。

5.3 预处理系统

5.3.1 本条规定了湿垃圾处理设施的材质要求。由于湿垃圾pH值低,且含一定盐分,因此对预处理设备,尤其是过流部件的材质提出耐腐蚀的要求,而加热提油工段的设备还应考虑高温下腐蚀性问题,对设备过流材质的选择,目前不锈钢是较为合理的材质,而对于部分磨损较大的部件,可采用耐磨钢;钢筋混凝土结构池体、罐体等防腐应结合工艺,尽量选择耐酸、耐盐、耐高温的防腐涂料,避免防腐脱落对后续工艺的影响。

5.3.2 本条是对预处理后进入厌氧系统物料中的有机质要求。

进入厌氧系统的无机质含量不宜过高,否则易引起后续厌氧系统杂质过高而出现卡堵问题。浆液中有机质的含量测定应参考现行行业标准《固体废物　有机质的测定　灼烧减量法》HJ 761进行。

5.3.3　破碎或制浆处理是湿垃圾预处理重要环节,本条基于建成投产项目的实际数据,针对湿式厌氧和干式厌氧提出进料粒径要求。根据国内外工程经验,干式厌氧可允许 60 mm 以下物料进料,且可避免对预处理设备过度磨损。

5.3.5　厌氧消化进料中,长期过高的油脂将引起厌氧系统长链脂肪酸抑制,本条规定了湿垃圾提油环节液相和油相的品质要求。

5.4　厌氧消化及脱水系统

5.4.1　温度是厌氧消化重要的控制参数,结合最新研究成果,本条规定了中温及高温厌氧适宜的温度及温度控制日变化范围。

5.4.3　本条规定了不同类型厌氧消化系统对罐内含固率要求,尤其是干式厌氧,其罐内物料含固率宜保持不分层的状态。尽管目前湿垃圾湿式厌氧罐内含固率基本在 5% 以下,但考虑今后多物料协同厌氧的可能性,尤其是污泥协同厌氧后,罐内含固率可能超过 5%,例如大连污泥餐厨协同厌氧消化项目罐内含固率维持在 8% 左右,因此对湿式厌氧罐内含固率的范围进行了适当放宽。

5.4.4　本条基于对不同类型反应器的实际运行数据的总结,拟定不同类型厌氧消化反应器进料有机负荷的建议取值。在一定范围内,一般而言反应器温度越高,厌氧有机负荷越高,高温厌氧宜取中位值-高值,中温厌氧宜取低值-中位值。

5.4.5　本条规定了厌氧消化反应器的设计应重点关注的问题。

5.4.6　本条规定了厌氧消化系统加热保温热量需求计算公式,

增加了沼气及饱和水蒸气带走的热量这一重要因素。冬季低温宜根据项目所在地冬季平均气温考虑。

5.4.7 湿式厌氧预处理杂质干扰物去除率较高，后续脱水可直接通过离心脱水方式进行固液分离；半干式和干式厌氧由于预处理环节干扰物没有全量去除，通常后续脱水需采用多级脱水方式，确保脱水系统稳定运行。

5.5 沼气存储、净化及利用系统

5.5.2 每个膜式气柜应设2台支撑风机，且应在线备用；膜式气柜的内、外膜之间会有少量的 CH_4、H_2S、甲硫醇等气体，为减少气柜区域的异味，气柜排气应经除臭后排放。

5.5.3 净化后沼气的温度、压力、H_2S浓度、含尘量、固体杂质粒度、相对湿度等指标应满足用气端设备对沼气的要求，以及烟气排放的环保要求。

5.5.4 沼气发电时，可采用湿法脱硫/生物脱硫＋干法脱硫的工艺；生物脱硫需要向沼气中通入适量的空气，提供 H_2S 氧化所需的氧气，压缩天然气技术指标要求氧气含量≤0.5%，因此沼气提纯时，宜采用湿法脱硫＋干法脱硫的工艺。

5.5.5 脱硫工艺的设计应符合下列规定：

1 湿法脱硫的碱液采用 Na_2CO_3，Na_2CO_3 与 H_2S 中和反应生成 $NaHCO_3$ 及 NaHS，该过程会消耗大量碱液并排放大量废水，脱硫液中添加络合铁，可将 HS^- 还原成单质S，同时可实现碱液再生，减少碱液消耗量及废水排放量。

4 干法脱硫塔应分组布置，并设置备用，当其中1台吸附塔饱和时，更换脱硫剂不影响系统的运行。

5 干法脱硫剂可采用活性炭或氧化铁，活性炭吸附饱和后，废活性炭为危险废物，需委托具有危废处理资质的单位处置，氧化铁饱和后为 $Fe_2S_3 \cdot H_2O$ 属于一般工业固废，通入空气后可再生循环利用。

6 生物脱硫或湿法脱硫后应设置气液分离器或冷干机,去除沼气中的游离水,提高干法脱硫剂的使用寿命。

5.5.6 沼气利用系统的设计应符合下列规定:

2 Ⅲ类处理厂的沼气产量较少,可采用发电效率一般的内燃发电机;Ⅱ类及以上处理厂的沼气产量大,宜提高内燃发电机的发电效率。

5.5.7 应急火炬系统的设计应符合下列规定:

1 封闭式火炬运行时外部不见明火,安全性较高。

2 火炬应分级控制多点燃烧,操作弹性大,能适应较大负荷波动范围;火炬应设紫外线火焰探测装置,当气体异常、管道泄漏或其他未知原因导致火焰熄灭时,火炬运行,自动关闭程序。

3 电动调节控制时线性度较好,能稳定调节沼气量,降低沼气母管的压力波动。

5.5.8 沼气管道及附件的设计应符合下列规定:

1 沼气管径≤DN200时,可采用不锈钢无缝钢管;沼气管径≥DN250时,可采用不锈钢焊接钢管,焊缝需100%无损检测。

6 燃气泄漏时,可燃气体检测仪应自动联锁关闭紧急切断阀,切断阀应布置于室外可操作处,切断阀关闭后需现场检查后人工复位。

7 沼气管道初次投用时应采用氮气置换,为排出管道中的空气,用气设备末端需设放散管,放散口应引到安全地点;为防止燃烧器回火,用气设备末端需设阻火器,阻火网的孔径必须在回火的临界孔径之内。

5.6 沼液与沼渣处理系统

5.6.1 沼液与沼渣中含有大量植物生长所需的营养元素,是非常理想的有机液态或固态肥料,因此应尽量实现其资源化利用。

但上海周边肥料使用及运输均存在一定瓶颈,因此目前不作强制性要求。

5.6.2 沼液作为液态肥产品出售时,应取得工商、农委等相关部门许可,并满足相关规范的指标要求。当前厌氧消化沼液通常采用膜处理作为深度处理工艺,但随之产生的浓缩液形成二次污染问题,近年来反硝化滤池、砂滤反硝化等非膜深度处理工艺逐步得到应用,并取得了较好的处理效果。

5.6.3 沼渣作为有机肥产品出售时,应取得工商、农委等相关部门许可,并满足相关规范的指标要求。

5.6.4 考虑到沼渣焚烧对焚烧厂后端烟气处理和利用的影响,有条件时,宜对沼渣进行干化造粒预处理。

5.6.5 沼渣炭化、湿法裂解等新工艺尚未有相关的标准参考,尤其是烟气处理标准、炭渣利用等相应标准等,因此本文建议参照现有类似工况的标准。

5.7 臭气收集与净化

5.7.1 本条规定了主要污染源产生和扩散区域的臭气控制,臭气必须经过处理后有组织排放。垃圾卸料、储存、输送、处理等是主要臭气污染源产生和扩散区域,应采取必要的除臭控制措施。气流阻隔措施包括:设置气流缓冲用的卸料缓存间,需要短期开启的卸料口/槽处设置快速卷帘装置;臭源密闭措施包括:料坑、卸料间、沥水间、出渣间、污水池等的土建隔断密封,卸料斗、垃圾储存容器、垃圾处理设施、污水处理设备、污泥脱水设备、干化设备、输送皮带/螺旋等的设备加罩(盖)密封。

5.7.2 按恶臭源浓度分类,能有针对性地对不同浓度释放恶臭源的功能区域进行臭气收集设计。与产生臭源的介质直接接触的空间为高浓度区域,其他生产区域为低浓度区域。集气量根据收集要求和收集方式确定,若集气量太少,会导致臭气气体外溢;

若集气量太多,会增加投资和运行费用。工艺储罐包括均质罐、沼液罐、毛油罐等。

5.7.3 本条根据同类项目工程经验对臭气分质处理提出要求。

5.7.4 风机变频可增强除臭系统对工况变化的适应性。臭气中含硫化氢等腐蚀性气体,因此,风机应选用耐腐蚀材料。室外放置的风机还应具备抗紫外线能力。为了达到噪声排放标准,风机宜安装隔音箱。

5.7.5 为了保证除臭系统在风机故障检修期间能继续运行,除臭风管宜考虑母管分配制。当除臭系统含多台风机时,应保证某一台或几台风机检修时除臭系统能正常运行。

5.7.6 本条规定了管道布置方式。部分臭气具有一定的含尘量,为了保证通风面积,防止管道堵塞,风管宜在适当位置设置清扫孔,便于清除积尘。臭气具有一定的湿度,可能含有油脂,产生冷凝水或油脂聚集,因此应设置排水坡度、排水或集油装置。

5.7.7 臭气中含硫化氢等腐蚀性气体,为提升管道使用寿命,管道应为耐腐蚀材料,如采用 FRP 玻璃钢材质等耐腐蚀材料。臭气收集系统管道壁厚参考现行国家标准《通风与空调工程施工质量验收规范》GB 50243 中高压风管的规定。

5.7.8 臭气含有硫化氢等成分,具有腐蚀性,臭气收集管道应选择耐腐蚀的材料。为了保证管道的严密性,拼接缝处应采取密封措施,不宜在管道底部设拼接缝,防止冷凝水滴漏。

5.7.12 为了便于调节各除臭区域的风量,保持各支管阻力平衡,宜在各支管设置调节阀门。

5.7.13 鉴于垃圾厌氧消化处理工程的尾气排气流量大、尾气排气管(筒)当量直径大,按现行上海市地方标准《大气污染物综合排放标准》DB31/933 的要求,将导致新建项目尾气排气管(筒)因测流量需求不得不增加排气筒高度或设很长的直管段,增加投资成本、运行成本。故以现行行业标准《固定源废气监测技术规范》HJ/T 397 检测孔要求实施,更符合项目特点。

6 辅助工程

6.2 电气系统

6.2.1 供配电系统应符合下列规定：

1 供配电系统接线系统如果复杂，管理不便利且会增加故障事故风险，降低整个供配电系统可靠性，根据项目运行经验，双膜气柜外膜支撑风机、消防系统、自控系统等设备应为重要设备，采用二级负荷设计。其余应满足现行国家标准《供配电系统设计规范》GB 50052 的规定。

2 本款引自国家标准《20 kV 及以下变电所设计规范》GB 50053—2013 第 2.0.1 条规定，并结合湿垃圾厌氧消化系统处理工程进行有针对性要求。

3 本款引自国家标准《供配电系统设计规范》GB 50052—2009 第 5.0.1 条规定。结合目前湿垃圾厌氧消化系统处理工程，存在如引风机等的大功率单机设备，为保证配电合理且经济节能，建议综合考虑后确定本工程电压等级。关于单机容量与供电电压的匹配，可结合实际工程经验确定，也可参考国家标准《民用建筑电气设计标准》GB 51348—2019 第 3.4.1 条规定确定。

4 本款引自国家标准《供配电系统设计规范》GB 50052—2009 第 6.0.2 条及 6.0.3 条规定。并联电容器价格便宜，便于安装，维修工作量、损坏都比较小，因此采用并联电力电容器作为人工补偿的主要设备。

当单机设备满足三者要求时，为了最大限度减少线损和释放系统容量，建议采用就地补偿装置，其中 300 kW 仅为参考值，实际项目可根据具体情况酌情考虑。

6 为满足巡检需求,设置局部检修和操作照明。

7 为满足巡检需求设置,根据工艺设备的检修需求,每个检修箱容量宜不小于 15 kW。

6.2.2 防雷及接地应符合下列规定:

1 厌氧罐区内罐体顶部放散管的功能是用于检修时打开释放沼气,仅在清罐检修时使用。在有雷雨条件下放散沼气存在雷击引燃的风险,故不应在雷雨天气打开排放。

2 处理工程中厌氧罐高度均小于 60 m,根据国家标准《建筑物防雷设计规范》GB 50057—2010 第 4.3.10 条要求及实际运营经验反馈,可不装设接闪器。独立装设接闪器反而会引雷,引发不安全因素。

3 考虑处理工程中厌氧罐区设备安全可靠运行,并结合国家标准《建筑物防雷设计规范》GB 50057—2010 第 4.3.10 条要求设置。

4 处理工程中存在防雷系统、交流工作系统、安全保护系统以及信息系统,如共用接地,可以很好地优化接地系统,同时提高项目整体的接地安全。

6.2.3 防静电应符合下列规定:

1 为满足工艺生产安全,需要设置必要的静电接地措施。

2 为满足操作维修和巡检需求,如上罐扶梯入口、平台扶梯下口等地方应设置消除人体静电装置。

3 本款参照化工企业标准要求。

6.2.4 防爆应符合下列规定:

1 为电气设备的安全运行要求设置。

2 处理工程由于工艺处理特点,会存在部分爆炸危险区域,该区域内主要气体成分为甲烷,根据国家标准《爆炸危险环境电力装置设计规范》GB 50058—2014 附录 C 要求设置。

6.3 发电并网系统

6.3.1 根据工程经验,沼气发电系统均采用自发自用、余电上网方式。由于供电部门对分布式发电有特殊要求,因此需要根据上海供电部门特殊要求制定相应的发电系统。

6.3.2 沼气发电机组机端出线电压应根据机组容量确定,并结合市场主流沼气发电机组配置,比选供配电系统经济合理性后再确定。

6.3.7 发电机组长距离输送沼气管道在冬季时,常因温度过低导致沼气湿度过低。为防止沼气湿度过低引起发电机组停机,增压后的沼气管道应考虑埋地敷设或采用保温伴热等方式。

6.4 仪控系统

6.4.1 检测仪表的设置需同时考虑工艺系统正常运行和异常状态两种工况,以反映工艺系统在正常运行状态下的主要参数,进行生产过程控制和调节,并在异常状态下进行联锁保护。

1 对厂区各介质的总耗量和产量进行计量,监控厂区的物料平衡情况。

2 湿垃圾处理设备的架桥、堵料现象时有发生,通过堵料开关,可避免故障时物料溢出,减少堵料清理难度。

3 根据料位信号控制进料、出料。低液位联锁保护宜采用开关型仪表,当液位到达水泵正常运行的极限低液位时,联锁停泵。

5 根据厌氧消化器内物料的温度、pH 值,判断消化器物料的工作状态,是否需要加温或调节 pH 值。

6 根据脱硫装置进出口沼气的硫化氢浓度预测脱硫效果,根据氧气含量判断生物脱硫的曝气量。根据脱水装置进出口沼气的水含量,判断脱水装置工作状态。

  7 根据沼气储量,启闭放散火炬。

  8 沼气增压风机的运行频率宜根据增加后沼气压力自动调节。压力检测仪表的设置位置可根据增压要求的不同设置在沼气管道或工艺设备上。

  9 放散火炬点火失败时,应在就地和中控报警。

6.4.2 湿垃圾厌氧消化处理工程中,危险气体主要为甲烷、硫化氢两种气体。

  2 在下列部位应设置甲烷探测器:沼气发电机房、沼气锅炉房、厌氧罐区、沼气气柜旁。

  3 在下列部位应设置硫化氢探测器:垃圾料坑的沥液池旁、地下室内设备坑内、浆料/废水输送设备的设备坑内。

  5 本款是关于事故通风装置或除臭收集净化装置的控制要求。事故通风系统、除臭系统的启动或停止不能仅依赖于人为发现、人为控制,条件具备时应当引入自动控制系统,以增加其可靠性。

6.4.3 根据项目实际运维管理需求,对重点区域进行了明确,建议在该区域设置视频监控装置。

6.4.4 为了提高厂区管理精细化水平,应对全厂设备进行分层管理,其中中央控制层应统筹管理全厂。

6.5 数字化平台

6.5.1 根据处理厂的规模及投资情况,合理设定系统平台化,考虑大型处理厂的影响力、处理能力,应设置数字化运维管理平台。

6.5.2 对平台的架构及安全等级进行明确,平台宜融合新兴技术,提升厂区数字化管理水平。

6.5.3 结合主要城市的实际运维经验,平台宜具备这些功能。

6.5.4 响应国家"双碳"目标,对厂区能源介质的出入节点处应设置能耗检测装置,便于能耗管理。

6.5.5 安全防范系统的中视频监控系统、门禁系统宜纳入运维管理平台,协同管理。

6.6 给排水

6.6.1 本条是对厂内给水工程设计的基本规定。

6.6.3 本条是对厂内各用水各生产用水点的规定。各生产用水量应根据工艺要求计算确定,当厂内污水处理系统处理指标达到回用水水质标准时,生产用水宜优先考虑使用回用水。

6.6.4 本条是对厂内排水工程设计的基本规定。

6.6.5 初期雨水量可参照国家标准《石油化工污水处理设计规范》GB 50747—2012 第 3.1.1 条进行计算:污染雨水储存设施的容积宜按污染区面积与降雨深度的乘积计算,降雨深度宜取 15 mm～30 mm。

6.6.6 对于湿垃圾厌氧消化处理工程而言,将污水按水质进行分类收集、分质处理,整体上有利于降低污水处理的技术难度和投资。

6.7 消 防

6.7.1 本条是湿垃圾厌氧消化处理厂消防系统的一般规定。

6.7.2 根据现行国家标准《建筑设计防火规范》GB 50016 规定,厂区综合预处理车间的火灾危险性类别为丁类,其灭火器配置可按轻危险级考虑。对于具有收集及预处理易燃物的可回收物储存间(室)、危险废物仓库、毛油生产车间等房间,火灾危险性类别为丙类,应设置防火隔墙或防火墙与其他房间隔开,其灭火器配置按中危险级考虑。

6.7.5 毛油罐和柴油罐属于丙类可燃液体,明确了其防火间距及消防设计的原则。

6.7.7 本条是对防排烟设计的基本规定。

6.8 供暖与通风

6.8.1 本条是对供暖、空调及通风设计的基本规定。

6.8.3 通常,电气专用设备间一年四季均需散热降温。冬季管理、控制等人员所在房间需要供暖,传统采用集中控制的空调无法满足同时制冷和供暖分配的要求。

6.9 防腐涂装

6.9.1 防护涂层的设计使用年限是一般情况下的经验值,是预估的使用年限。影响使用年限的因素有很多,由于施工方法和工作环境的不确定性,设计的使用年限仅是为业主制订维护计划时提供技术上的参考。

6.9.2 腐蚀性介质按其存在形态可分为三大类:气态介质、液态介质和固态介质。各种介质应按其性质、含量和环境条件进行腐蚀性等级分类。腐蚀性等级可按照现行国家标准《工业建筑防腐蚀设计标准》GB/T 50046 确定。在介质环境中,建筑材料的腐蚀性等级与腐蚀性介质的成分、含量或浓度、温度等综合因素有关。一般认为:在强腐蚀条件下,材料腐蚀速度很快,构配件必须采取附加的防腐蚀措施,如有可能,可改用其他耐腐蚀性材料;在中等腐蚀条件下,材料有较快的腐蚀,应采用附加的防腐蚀措施;在弱腐蚀条件下,材料腐蚀较慢,可采用提高构件的自身质量,也可采取简易的附加防腐蚀措施;在微腐蚀条件下,材料腐蚀极慢,一般不需要进行额外的防腐蚀保护措施。同一形态的多种介质同时作用某一部位时,腐蚀性等级应取最高者,但防护措施应综合满足各种不同工况的要求。

7 环境保护

7.0.1 由于湿垃圾易腐烂发臭,因此应重视对臭气产生源的密闭,尽量做到输送、处理各环节设备密封或加罩,并结合情况设置局部通风和全面通风臭气收集设施,配置除臭设施。

7.0.3 湿垃圾处理过程会产生较多生产废水,污染物浓度高,易散发臭气,因此应与生活废水分开收集与处理。

7.0.4 湿垃圾处理过程会产生多种类的废渣,应分类对其进行无害化处理。

7.0.6 常规的监测设施和设备指化验室及其用于日常化验和监测的设备,这些设施和设备是根据环评对厂内环境指标进行日常监测所需要的。

8 职业卫生与劳动安全

8.0.5 湿垃圾处理厂会产生废弃的脱硝催化剂、离子交换树脂、实验室废物等危险废物,涉及危险废物应严格按照现行国家标准《危险废物贮存污染控制标准》GB 18597 规定执行。

8.0.7 室内污水收集、输送设备间因除臭要求,常设计为封闭式房间。虽设置了通风除臭设施,但除臭设施多为非 24 h 连续运行,存在 H_2S、NH_3 等有毒气体聚集的风险,应设置有毒气体监测和报警设施。

9 工程施工与验收

9.2 施工与验收标准

9.2.2 通用机械设备在安装过程中的工序验收应严格按照规范内的质量要求进行安装验收。

9.2.3 湿垃圾项目施工中,针对包括起重机械、压力管道、锅炉及压力容器等特种设备,在施工过程中一定要及时办理特种设备监检工作。

9.2.4 厌氧施工过程中,大型钢制非标设备较多,在罐体施工过程中要严格执行规范及设计文件的要求,做好每一道工序的验收工作。重点是焊接质量、闭水试验等关键工序的把控。

9.2.5 设备进场应检查仪表设备规格型号是否符合设计文件要求,主要工艺参数是否符合设计表册的要求,DCS 与 PLC 通信是否符合技术文件要求等内容。现场安装质量应符合验收规范要求。

9.2.6 电缆、盘柜、控制箱等关键电气元器件的规格、型号符合设计文件要求,施工质量应符合验收规范要求。

10 工程调试及运行

10.1 工程调试

10.1.1 单机调试应符合下列规定:
　　1 本款是单机调试工作开展前的基本要求。
　　2 本款规定了单机调试基本次序及要求。
　　3 单机调试时调试人员应采用必要的工具、仪器对单机设备进行检验。检测内容根据设备类型与功能进行确定。
　　4 单机调试检查标准应根据设备制造厂提供的技术文件并结合工艺技术文件的要求进行检测。

10.1.2 电气仪表调试应符合下列规定:
　　1 本款规定了仪表调试前应检查与明确的基本内容。
　　2~5 说明了不同类型仪表和控制装置的校验方式、范围与基本要求。

10.1.3 联动调试应符合下列规定:
　　1 联动调试前应建立完善的调试方案与应急预案,并对全体人员进行交底宣贯,这样有利于提高联动调试的安全性。
　　2 本款提出了联动调试前基本顺序,联动调试过程中应根据工艺流程中附属仪表、阀门等装置一并进行调试。
　　3,4 提出了联动调试时的基本要求,联动调试过程应依据工艺流程和设计要求对附属设施设备进行逐一检验。
　　5 本款规定联动调试程序文件基本要求。

10.2 运行及管理

10.2.1 运行管理应符合下列规定:

1 健全的管理组织架构和制度对生产管理单位来说非常重要,完善的组织架构和制度有利于提高处理厂运行管理的制度化、标准化,提高整体管理水平。

2 本款提出了湿垃圾厌氧消化处理工程管理要求,应按照人员、机器、原料、方法、环境以及安全六个方面,结合实际情况进行设置。

3 必要的检测是确保湿垃圾厌氧消化处理工程设施设备高效运行的保障,并根据检测的数据进行统计分析,建立完善的工艺参数。根据环境变化、厌氧工艺条件进行调整与优化。

4 由于湿垃圾处理工程每天生产都需要消耗大量的物品和材料,因此,完善与系统的生产与运行管理台账,有助于管理人员及时制订生产耗材的采购计划、计算生产成本,提升生产管理单位的经营策略和管理。

10.2.2 维护保养管理应符合下列规定:

1 完善的设备档案管理既可以确保设施设备的高效运行,也可以根据设备工况制定维保、小修、大修计划,确保工艺设备及其配套附属设施完好,消除安全隐患。

2 本款规定了湿垃圾处理工程关键工艺装置与设备检查与维保要求。

10.2.3 安全操作管理应符合下列规定:

本条提出了生产运行管理和安全操作过程的基本要求。生产运维过程中人员的安全防护非常重要,特殊作业人员须经专业培训合格方能上岗,危化品管理须加强管理。

10.2.4 应急预案应符合下列规定:

湿垃圾厌氧消化处理厂有诸多潜在风险源,突发事件往往对全厂的运行安全带来极大影响,因此本条规定了编制应急预案的必要性和编制原则。